Wolfgang von Hessling

Mietfabriken als Instrument des Ansiedlungswettbewerbs

Theoretische Überlegungen zur Risikoteilung zwischen Standort und Investor

GRIN Verlag

Bibliografische Information der Deutschen Nationalbibliothek:

Die Deutsche Bibliothek verzeichnet diese Publikation in der Deutschen National-bibliografie; detaillierte bibliografische Daten sind im Internet über http://dnb.d-nb.de/ abrufbar.

Impressum:

Copyright © 2007 GRIN Verlag GmbH
Druck und Bindung: Books on Demand GmbH, Norderstedt Germany
ISBN: 978-3-640-20585-1

Dieses Buch bei GRIN:

http://www.grin.com/de/e-book/117561/mietfabriken-als-instrument-des-ansied-lungswettbewerbs

Technische Universität Ilmenau

Fakultät für Wirtschaftswissenschaften

Fachgebiet Finanzwissenschaft

Hauptseminar Neue Politische Ökonomie

im SS 2007

Thema-Nr. 3

Mietfabriken als Instrument des Ansiedlungswettbewerbs –
theoretische Überlegungen zur Risikoteilung zwischen
Standort und Investor

vorgelegt von:

von Hessling, Wolfgang

Studiengang Medienwirtschaft

Abstract

This paper explores the instrument of rental factories used by governmental bodies to promote regional investments and economic growth. Having the competition between locations concerning the attractiveness for companies as a starting point, this article presents and describes the fundamental informational asymmetry of investment decisions between investors and governmental bodies. The analysis continues with an in-depht investigation of rental factories as an instrument in the location competition. Finally, the paper concludes with an assessment of rental factories and their effect on economic welfare.

Inhaltsverzeichnis

Abbildungsverzeichnis

1 Einführung in die Thematik

1.1. Problemstellung und Zielsetzung

Schwerpunkt dieser Arbeit sind Mietfabriken als regionalpolitisches Instrument des Ansiedlungswettbewerbs. Dieses Konzept wird eingehend vorgestellt und analysiert. Dazu soll die Eignung des Angebotes von Mietfabriken als Lösung für die grundlegende Informationsasymmetrie bei der Standortwahl, sowie dessen ökonomische Notwendigkeit und Konsequenzen für die Investitionstätigkeit untersucht werden.

1.2. Vorgehensweise

Zur Lösung der erläuterten Problematik wird zunächst der Ansiedlungswettbewerb zwischen Standorten, seine Ausprägungen und ökonomischen Ergebnisse vorgestellt. Anschließend wird die Problematik der asymmetrischen Informationsverteilung zwischen Standort und Investor sowie deren effizienzmindernde Wirkung auf den Umfang von Investitionsentscheidungen beleuchtet. Bei der Erörterung möglicher Konfliktlösungen wird insbesondere auf Mietfabriken, deren Angebotsformen sowie einzel- und gesamtwirtschaftliche Konsequenzen näher eingegangen. Abschließend wird ein Ausblick für mögliche zukünftige Entwicklungen bezüglich der Gestaltung und Anwendung geboten.

2 Standortwettbewerb um Unternehmensansiedlungen

Investoren stehen bei der Standortwahl für Produktionsstätten vor einer komplexen Fragestellung mit vielen Determinanten, wie z.B. der spezifischen steuerlichen Stellung der Unternehmung, den nutzbaren Infrastruktureinrichtungen und den Faktorpreisen vor Ort. Zudem mag die Reputation des Standortes eine gewisse Entscheidungsrelevanz besitzen. Da mit eben solchen Entscheidungen oftmals das wirtschaftliche und gesellschaftliche Schicksal ganzer Regionen verknüpft ist, scheint eine nähere Betrachtung der in diesem Zusammenhang auftretenden Fragen und Problemstellungen geboten.[1]

---

[1] Zur Bedeutung der Wirtschaftsförderung auch auf kommunaler Ebene vgl. z.B. Pforzheimer Zeitung.

Standorte stehen miteinander im Wettbewerb um Ansiedlung von Unternehmen, Wohnbevölkerung und Konsumeinpendlern, also knappe mobile Produktionsfaktoren, um damit für sich wirtschaftliches Wachstum und Prosperität, steigende Steuereinnahmen, sinkende örtliche Arbeitslosigkeit sowie eine wirtschaftsfreundliche Reputation und damit Folgeinvestitionen zu sichern. Von den Standorten beeinflussbare Wettbewerbsparameter stellen der Standortpreis in Form von Steuern und Abgaben sowie die Qualität des standortbegleitenden Dienstleistungsbündels dar. So obliegt beispielsweise die Festsetzung des Hebesatzes der Gewerbesteuer als Kommunalsteuer oder die Bereitstellung kommunaler Infrastruktur den Gemeinden.[2]

Durch Wettbewerb auf dem globalen Markt für Standorte wird gewährleistet, dass die Standorte Qualität im Sinne der ansiedlungswilligen Unternehmen liefern, um sich auch langfristig genannte Vorteile zu sichern. Hierdurch werden volkswirtschaftliche Allokationsgewinne erzielt, sofern die Kosten der Wirtschaftsfördermaßnahmen durch deren positive Allokationseffekte überkompensiert werden.[3] Ein hochqualitativer Standort bietet einen für das Unternehmen attraktiven Mix aus politischen, wirtschaftlichen und technologischen Rahmenbedingungen sowie Absatzmöglichkeiten, Arbeitsmarkt und Infrastruktur, aber z.B. auch hoher Vertrauenswürdigkeit, geringer Komplexität und ansiedlungsbegleitender Informationsasymmetrie.[4] Allerdings wird der interkommunale Wettbewerb auch zum Zweck der Verfolgung kommunalpolitischer Ziele genutzt, was eine ineffiziente Anwendung und Allokation von Wirtschaftsfördermitteln zur Folge haben kann.[5]

Um das attraktivste Eigenschaftsbündel anbieten und überzeugend demonstrieren zu können, und so ihre Chancen auf lukrative Unternehmensansiedlungen zu erhöhen, bedienen sich verantwortliche Entscheider von Gebietskörperschaften einer Vielzahl von regulatorischen und fiskalischen Instrumenten der Ansiedlungsförderung mit dem Ziel der räumlichen Lenkung von mobilen Produktionsfaktoren.[6] Diese Eingriffsmöglichkeiten resultieren aus der Tatsache, dass in einem Föderalstaat die Teilstaaten

---

[2] Steinrücken und Jaenichen (2006a) 165f, 213ff; Benkert 170ff.
[3] Benkert 173, 181ff; vgl. auch Steinrücken und Jaenichen (2006a) 124f.
[4] Trumpp 166ff.
[5] Benkert 180.
[6] Vgl. Steinrücken und Jaenichen (2006a) 101ff; vgl. Steinrücken und Jaenichen (2006b) 243.

mit eigener Staatlichkeit und eigenen Gestaltungs- und Entscheidungskompetenzen ausgestattet sind. Solche Instrumente sind z.B. Standortwerbung, Ansiedlungsprämien und Bürgschaften und sollen im Detail im Abschnitt 3.2. näher erläutert werden.

3 Das Informationsproblem bei Ansiedlungsentscheidungen

3.1. Ursachen und Konsequenzen der Unsicherheit

Zu den Qualitätskriterien im Rahmen von Standortentscheidungen zählt die Beschaffenheit des angebotenen Dienstleistungsbündels wie z.B. die bereitgestellte Infrastruktur oder der örtliche Steuerpreis. Im Sinne eines risikoaversen Investors spielt jedoch auch die Glaubwürdigkeit eines Standortes und seine Bereitschaft zur Selbstbindung eine wesentliche Rolle.[7]

Zieht man den Kapitalwert einer Investition als einzig relevantes Entscheidungskriterium heran, wird deutlich, dass die zukünftig erwarteten Einzahlungsüberschüsse sowie der herangezogene Diskontzinssatz über die betrachtete Laufzeit von den Rahmenbedingungen der Investition abhängen.[8] Maßgeblich für die Einschätzung dieser Faktoren durch den Investor ist neben den genannten Qualitätskriterien auch das politische Risiko des Standortes. Darunter soll in diesem Kontext die Unsicherheit des Investors hinsichtlich der Möglichkeit nachteiliger Änderungen in der regulatorischen oder fiskalischen Regelsetzung durch föderale staatliche Stellen nach Tätigung der Investition verstanden werden.[9]

Es handelt sich bei dem Qualitätsbündel des eingekauften Standortes um ein Erfahrungsgut, dessen Qualität der Investor erst nach Vertragsschluss durch Konsum zuverlässig beurteilen kann. Der Aspekt des involvierten politischen Risikos besitzt gar Charakteristika eines Vertrauensgutes, dessen Qualität sich erst durch häufigen Konsum sowie Aufwendung erheblicher Ermittlungskosten einschätzen lässt.[10]

---

[7] Vgl. Scholz 74 ff.
[8] Vgl. Scholz 105ff.
[9] Vgl. Steinrücken und Jaenichen (2006a) 131ff.
[10] Steinrücken und Jaenichen (2006a) 169; Kuchinke 3ff; vgl. Tirole 233ff; vgl. Lehmann 57ff; vgl. Zimmer 122ff.

Die Bewertung dieser Komponenten durch einen beschränkt rationalen Investor hängt somit entscheidend von der Glaubwürdigkeit des Standortes bezüglich der Einhaltung der vor Vertragsschluss vereinbarten Konditionen ab.[11] Es ist festzuhalten, dass sich die tatsächliche Qualität von Standorten also nicht ex ante zuverlässig bestimmen lässt und der Investor wesentlich auf die Vertrauenswürdigkeit der Angaben des Standortes angewiesen ist. Der Investor ist somit gezwungen, seine Ansiedlungsentscheidung unter asymmetrischer Information, also mit geringerem Informationsgrad bezüglich der Standortqualität zu treffen, als dem Standort selbst zur Verfügung steht.[12]

Standortinvestitionen stellen spezifische Investitionen dar, da sie größtenteils als immobile Produktionsfaktoren wie Fabrikgebäude etc. in den Standort versinken und danach nicht oder nur mit erheblichem Wertverlust wieder veräußert werden können.[13]

Betrachtet man die Beziehung zwischen Investor und Standort als Prinzipal-Agent-System, so bedingt die Langfristigkeit und Spezifität der Investition eine Hold-up-Möglichkeit des Standortes.[14] Während ex ante beide Vertragsparteien einen jeweils idealen Vertragspartner aus einer möglichen Vielfalt von Konkurrenten auswählen können, ist ex post diejenige Partei mit spezifischen, in den Standort versunkenen Investitionen durch opportunistisches Verhalten des Vertragspartners ausbeutbar. Das Unternehmen ist nach Vertragsschluss der Möglichkeit glaubhafter Drohung mit Abwanderung an andere Standorte beraubt, da die getätigte Investition zu großen Teilen in den Standort versunken ist. Das Gleichgewicht an Verhandlungsmacht verschiebt sich so zu Gunsten des Standortes.[15]

---

[11] Vgl. Zimmer 120f.
[12] Steinrücken und Jaenichen (2006a) 166f; vgl. Begriff der asymmetrischen Information in: Lehmann 10.
[13] Vgl. Tirole 47ff; vgl. Krahnen 50f.
[14] Vgl. Trumpp 38f; vgl. Tirole 55ff.
[15] Steinrücken und Jaenichen (2006a) 131ff; vgl. Erläuterung versunkener Kosten in: Krahnen 41ff; vgl. Begriff des Opportunismus in: Zimmer 121.

Diese Tatsache eröffnet dem Standort die Möglichkeit zu opportunistischem Verhalten, das auf ein Abschöpfen der Produzentenrente des Investors durch expropriative Steuersätze oder Negativabweichung von der vertraglich vereinbarten Qualität des Dienstleistungsbündels abzielt. Das Vorhandensein dieses Ungleichgewichts an Verhaltensmöglichkeiten resultiert aus der Tatsache, dass keine neutrale Institution die Erfüllung der wechselseitigen Versprechen überwacht.[16] Einem risikoaversen Investor ist unter Unsicherheit deshalb zu unterstellen, dass er bezüglich der Ansiedlungs-entscheidung ein worst-case-Szenario einplant und der Investitionsumfang dementsprechend knapp ausfällt.

Die ökonomischen Folgen des politischen Risikos und des möglichen opportunistischen Verhaltens des Standortes nach Investition lassen sich anhand folgender spiel-theoretischer Überlegung näher konkretisieren:

Es handelt sich bei der Ansiedlungsentscheidung um ein statisches Spiel mit unvollkommener Information, und soll hier in extensiver Form (Spielbaum) dargestellt werden.[17] Zum Zeitpunkt t=1 wird die Vertrauenswürdigkeit des Standortes exogen festgelegt, wobei hier vereinfachend angenommen wird, dass sich die Standorte bezüglich ihrer Qualität nur in HQ (high quality) und LQ (low quality) unterscheiden und dies dem potentiellen Investor bekannt ist.[18] HQ-Standorte zeichnen sich durch die völlige Abwesenheit politischen Risikos sowie die Lieferung der versprochenen Qualität des begleitenden Dienstleistungsbündels aus. LQ-Standorte hingegen invol-vieren die Gefahr eines Hold-ups sowie negativer Abweichung von der ex ante versprochenen Qualität der Dienstleistung. Zum Zeitpunkt t=2 folgt die Entscheidung des Investors über eine Ansiedlung am Standort. Hierbei ist wesentlich, dass der Investor das Ergebnis des ersten Prozesses nicht kennt. Das Rechteck in t=2 kennzeichnet somit die Informationsmenge des Investors. Die in Zahlen ausgedrückten Nutzenniveaus ergeben sich jeweils für den Investor aus der zu erwirtschaftenden Produzentenrente bzw. für den Standort aus dem Saldo von Steuereinnahmen und Kosten der Bereitstellung des Dienstleistungsbündels (siehe Abb. 1).

---

[16] Steinrücken und Jaenichen (2006b) 244.
[17] Vgl. Tirole 945 ff.
[18] Lehmann 8f.

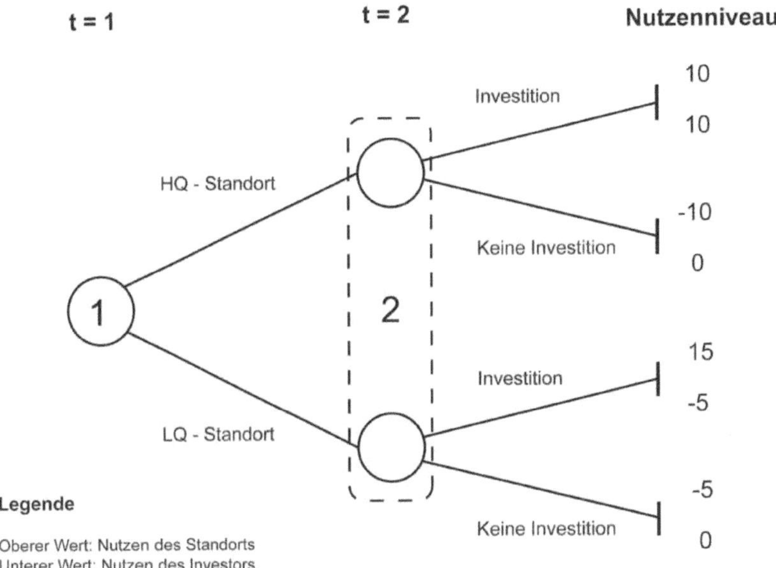

Abb. 1: Extensive Darstellung eines Ansiedlungsprozesses[19]

Aus dieser Darstellung wird ersichtlich, dass es für einen Standort die dominante Strategie darstellt, ein LQ-Qualitätsniveau anzubieten. Das Steueraufkommen kann bei dieser Wahl nach Tätigung der Investition auf opportunistische Weise maximiert bzw. die Ausgaben für die Qualität des Dienstleistungsbündels minimiert werden, um die Produzentenrente des Investors abzuschöpfen. Erscheint der Standort dem Investor also irrtümlicherweise vertrauenswürdig und die Investition wird getätigt, so kommt bei individueller Nutzenmaximierung das Nash-Gleichgewicht (15,-5) zustande. Es ist festzuhalten, dass diese Lösung nicht dem möglichen Pareto-Optimum (10,10) bei Ansiedlung an einem HQ-Standort entspricht.

Eine zentrale Prämisse des Modells der vollständigen Konkurrenz ist vollständige Information der Marktteilnehmer. Im Fall einer Ansiedlungsentscheidung ist diese Forderung nicht erfüllt, denn der Investor kann ex ante keineswegs zwischen HQ- und

---

[19] Quelle: Selbsterstellt, in Anlehnung an Bond und Samuelson sowie Krahnen 36ff.

LQ-Standorten unterscheiden.[20] Demzufolge wird ein risikoaverser Investor einen entsprechenden worst-case-Diskontzinssatz und Einzahlungsüberschüsse am unteren Ende der erwarteten Spanne bei Berechnung des Kapitalwertes der Investition ansetzen. Die bestehende Unsicherheit führt so zu pareto-inferiorer Unterinvestition mit entsprechender wohlfahrtsmindernder Wirkung (siehe Abb. 2).[21]

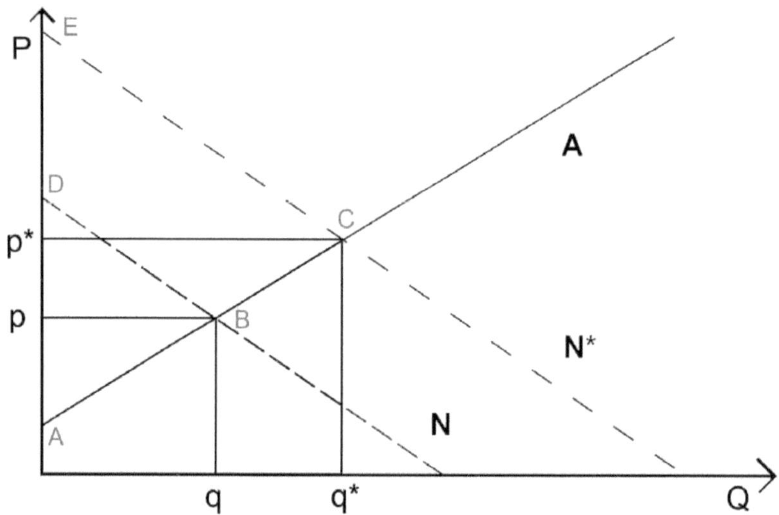

Abb. 2: Darstellung der Wohlfahrtswirkungen der unvollständigen Information[22]

In Abb. 2 bezeichnet Gerade A das Angebot an Standorten, N* die Nachfrage nach Standorten unter vollständiger Information und N die Nachfrage nach Standorten bei asymmetrischer Informationsverteilung zwischen Standort und Investor. Es zeigt sich, dass im Marktgleichgewicht (p, q) bei unvollständiger Information die Gesamtwohlfahrt ΔABD geringer ist als die mögliche Wohlfahrt ΔACE im Marktgleichgewicht (p*, q*) bei vollständiger Information. Der Wohlfahrtsverlust gegenüber der letztgenannten Idealsituation besteht aus □DBCE und resultiert aus der Qualitätsunsicherheit des Investors, der Antizipation der Ausbeutungsmöglichkeit und der folglich reduzierten

---

[20] Steinrücken und Jaenichen (2006a) 167; vgl. auch Lehman 67ff.
[21] Steinrücken und Jaenichen (2006a) 149f.
[22] Quelle: Selbsterstellt.

Investitionstätigkeit.[23] Der folgende Abschnitt befasst sich mit Möglichkeiten, diese grundlegende Informationsasymmetrie zu überwinden um bessere Marktergebnisse erzielen zu können.

3.2. Möglichkeiten der Qualitätssignalisierung

Wie gezeigt hat Standortqualität Charakteristika von Erfahrungs- bzw. Vertrauensgütern. Die tatsächliche Qualität des Güterbündels lässt sich erst nach Vertragsschluss durch einen kontinuierlichen Erfahrungsprozess bei Konsum, das involvierte politische Risiko sogar nie abschließend für die Zukunft feststellen.

Die Methode der Signalisierung bietet in diesem Kontext eine Möglichkeit, dem potentiellen Investor Informationen über die tatsächliche Qualität des Standortes zu vermitteln, um die geschilderten Probleme der Informationsasymmetrie zu mildern oder zu beseitigen.[24] Ziel der Qualitätssignalisierung ist es, den Investoren ex ante eine Beurteilungshilfe bezüglich der Standortqualität zu bieten. Zudem kann der Aufbau von Commitment, also Selbstbindung bzw. Selbstverpflichtung des Anbieters eine intrinsische Motivation zur Reduktion opportunistischen Verhaltens erzeugen und so den Nachfragern vermindertes Risiko signalisieren.[25]

Voraussetzung für die erfolgreiche Lösung der erläuterten Problematik ist die Glaubwürdigkeit der verwendeten Signale. So muss es für einen LQ-Standort finanziell unattraktiv sein, sich als hochqualitativ auszugeben. Andererseits signalisieren HQ-Standorte ihre Qualität nur, wenn dieses Vorgehen einen Nettogewinn nach sich zieht.[26] Somit ist gewährleistet, dass Signale gesendet werden, Wahrheitsgehalt besitzen und zur Informationsvermittlung geeignet sind. Zudem ist Signalisierung nur in einer mehrperiodischen Betrachtungsweise sinnvoll. Signale werden in Erwartung positiver Renditen gesendet, deshalb muss der zukünftige diskontierte Gewinn durch das Signal die Kosten für das Aussenden des Signals in der aktuellen Periode überkompensieren.

---

[23] Vgl. Steinrücken und Jaenichen (2006a) 131; vgl. Akerlof.
[24] Vgl. Lehmann 77ff; vgl. Tirole 244ff.
[25] Vgl. Lehmann 76f; vgl. Begriff des Commitment in: Zimmer 18ff.
[26] Steinrücken und Jaenichen (2006a) 170f, 182.

Für die Glaubwürdigkeit des Signals ist es zudem essentiell, dass die entsprechenden Aufwendungen aus dem Haushalt der jeweiligen Gebietskörperschaft bestritten werden. Ansonsten haben Standorte keinen Anreiz zu Kostenminimierung der Wirtschaftsförderung und gesamtwirtschaftliche Verluste können entstehen.[27]

Den Gebietskörperschaften steht zum Zweck der Qualitätssignalisierung eine Vielzahl an Instrumenten zur Verfügung, die im Folgenden näher erläutert werden:

Ansiedlungsprämien oder -subventionen stellen einen geldwerten Vorteil und damit direkten Nutzenzufluss für die ansiedelnden Unternehmen dar.[28] Sie können als Entlohnung der Investoren für die Übernahme des politischen Risikos und der investitionsbegleitenden Unsicherheit verstanden werden. Denkbare Formen des Angebotes sind beispielsweise direkte Subventionszahlungen oder die verbilligte Bereitstellung von Gewerbeflächen. Sogenannte „Tax Holidays" beinhalten das Angebot eines niedrigeren Steuerpreises für Unternehmen in der ersten Periode der Ansiedlung.[29] Die den Unternehmen durch Ansiedlungsprämien gewährten Vorteile stellen versunkene Kosten für den Standort dar, anhand derer er Bindung an die Unternehmen signalisiert.

Werbeausgaben sind Investitionen des Standortes in seine Reputation, und stiften dem Investor im Gegensatz zu den wohlfahrtsökonomisch überlegenen Ansiedlungssubventionen keinen direkten Nutzenzufluss.[30] Da sie irreversibel in den Standort versinken, sind Werbeausgaben ebenfalls geeignet, Glaubwürdigkeit und Bindungswillen zu signalisieren und somit Informationsasymmetrien zu überwinden.[31] Es ist festzuhalten, dass Werbung keineswegs inhaltlich informativ sein muss, um wirksam Qualität signalisieren zu können. Im Unterschied zu Ansiedlungsprämien verzerren Werbeausgaben den Wettbewerb zwischen den Unternehmen nicht, sodass Marktmechanismen in keiner Weise exogen behindert werden.[32]

---

[27] Steinrücken und Jaenichen (2006a) 151, 169; Benkert 184.
[28] Steinrücken und Jaenichen (2006a) 150ff, 216f.
[29] Vgl. Bond und Samuelson; vgl. Doyle und van Wijnbergen.
[30] Steinrücken und Jaenichen (2006a) 171ff; vgl. auch Tirole 79f, 246ff; Lehmann 74ff.
[31] Vgl. Tirole 260f; vgl. Lehmann 1, 119ff; vgl. in diesem Zusammenhang auch: Stigler; Telser.
[32] Steinrücken und Jaenichen (2006a) 218ff; vgl. auch Milgrom und Roberts.

Kommunale Leuchtturmpolitik ist das Bemühen eines Standortes, durch Ansiedlung von reputationsstarken Unternehmen einen Imagetransfer, positive Öffentlichkeit und einen gemeinsamen Reputationsaufbau zu bewirken. Im Unterschied zu Ansiedlungsprämien werden bei dieser Art der Wirtschaftsförderung Ansiedlungs-beihilfen nur an Unternehmen mit großer Öffentlichkeitswirkung vergeben. Dieses Vorgehen ist mit dem Abschluss eines impliziten Franchisevertrages zwischen Unternehmen und Standort zu vergleichen und ist zur Qualitätssignalisierung geeignet, sofern der Standort Aufwendungen zur Gewinnung des Leuchtturm-Unternehmens in Kauf nimmt. Diese Art der Signalisierung sendet spezifischere Signale aus und wirkt langfristiger als die zuvor genannten Methoden.[33]

Auch mittels Bürgschaften, also vertraglich vereinbarten Garantien kann sich der Standort an die Einhaltung der zuvor ausgehandelten Rahmenbedingungen binden. Wird der Investor bei opportunistischem Verhalten des Standortes mindestens in Höhe der entgangenen Produzentenrente entschädigt, entfallen die negativen Folgen des Hold-ups für den Investor. Dies entspricht einer idealen Lösung der geschilderten Problematik von Informationsasymmetrien, sofern die Bürgschaft vollständig ist, also alle relevanten Aspekte der vertraglichen Beziehung umfasst.[34] Eine Nichtgewährung einer Bürgschaft kann ebenfalls als negatives Signal aufgefasst werden.[35]

Des Weiteren kann auch Dual bzw. Second Sourcing, also das „Einladen" von Konkurrenten durch einen Standort in den Markt bewirken, sich glaubhaft selbst zu binden.[36] Durch diese Strategie können Standorte die Abwesenheit der Hold-up-Gefahr signalisieren, da der Investor bei opportunistischem Verhalten des Standortes zu den Wettbewerbern abwandern kann. Die Wirksamkeit dieser Strategie im Standortmarkt ist allerdings fraglich. Schließlich erschwert die räumliche Bindung des Investors durch die im Standort versunkene Investition das Abwandern zur Konkurrenz unabhängig davon, ob diese ein attraktiveres Preis-Leistungsverhältnis bietet. So wird ein Standortwechsel erst bei erheblichen Qualitätsunterschieden finanziell attraktiv.

---

[33] Steinrücken und Jaenichen (2006a) 174f.
[34] Steinrücken und Jaenichen (2006b) 260; vgl. kritisch dazu: Shapiro 662f.
[35] Vgl. Tirole 232ff, 987ff; vgl. Lehmann 71ff.
[36] Farell und Gallini; vgl. auch Tirole 80.

Weitere Möglichkeiten zur Lösung der Hold-up-Problematik bestehen z.B. im Entstehen von Lerneffekten und Vertrauensbildung bei wiederholten Spielen[37], in der Stärkung der Verhandlungsmacht der Unternehmen durch Aufbau strategischer Überkapazitäten[38] an mehreren Standorten oder aber der staatlichen Regulierung[39] der Qualitätsstandards. Da diese Vorgehensweisen jedoch keine Selbstbindungsstrategien von Standorten darstellen, werden sie hier nicht näher behandelt.

Den erläuterten Instrumenten der Ansiedlungsförderung ist der Versuch der Einflussnahme auf die räumliche Allokation von mobilen Produktionsfaktoren durch die Signalwirkung gemein. Sie alle vermitteln durch die Inkaufnahme von Signalisierungsaufwand, dass Unternehmensansiedlungen dem Standort nutzen und dieser im Gegenzug willens ist, sich an wirtschaftsfreundliche Politik zu binden.[40] Die Eignung von Mietfabriken als Instrument im Ansiedlungswettbewerb und zur Lösung der Informationsproblematik wird in den folgenden Abschnitten untersucht.[41]

4 Die Mietfabrik als mögliche Lösung des Informationsproblems

4.1. Das Konzept der Mietfabrik

Die Tätigung umfangreicher versinkender Investitionen in einen Standort ist mit großer Unsicherheit bezüglich der zukünftigen Verhaltensweise des Standortes und damit der zu erwirtschaftenden Renditen verbunden. Die Tatsache, dass das begleitende Dienstleistungsbündel ein Erfahrungsgut darstellt, erweitert diese Informationsasymmetrie zudem.

Eine Möglichkeit der Lösung dieses Problems besteht in der vertikalen Desintegration des Informations- und Investitionsprozesses zwischen Standort und Investor. Ein Standort, der gegenüber dem Investor Informationsvorsprünge bezüglich der Qualität seines Güterbündels besitzt, kann bei der Berechnung des Kapitalwertes einer

---

[37] Steinrücken und Jaenichen (2006a) 152f; vgl. auch Tirole 242ff.
[38] Janeba; vgl. auch Steinrücken und Jaenichen (2006a) 143ff als Beispiel.
[39] Lehmann 87ff.
[40] Steinrücken und Jaenichen (2006a) 178f, 213f.

Investition an diesem Ort geringere Diskontsätze heranziehen. So ist es ihm möglich, Investitionen vorzunehmen, die der Investor aufgrund des für ihn negativen Kapitalwertes wegen des höher eingepreisten Risikos unterlässt.[42] Diese spezifischen Kostenvorteile lassen sich durch das Konzept von Mietfabriken ausnutzen: Ein Standort errichtet immobile, wenig spezifische Produktionskapazitäten vor Ort, in die sich der Investor einmieten kann. Der Standort kann durch dieses Vorgehen eine punktgenaue Allokation von Produktionsfaktoren anregen, und bindet sich gleichzeitig an die vor Ansiedlung abgesprochenen Konditionen. Bei Nichteinhaltung kann das Unternehmen wesentlich glaubhafter mit Abwanderung an andere Standorte drohen, da es nur in verhältnismäßig geringerem Umfang an versunkene Investitionen gebunden ist. Das erzeugte Standort-Commitment hilft somit, die aus der Informationsasymmetrie resultierenden Probleme zu beseitigen.[43]

4.2.　Mögliche Formen der Bereitstellung von Mietfabriken

Das Instrument der Mietfabriken kann von staatlichen Gebietskörperschaften wie Bund, Ländern oder Gemeinden im Standortwettbewerb genutzt werden, um die Kapitalintensität von Unternehmensansiedlungen zu reduzieren, Standort-Commitment aufzubauen und so mittels der Signalisierung von Glaubwürdigkeit und Qualität Investitionstätigkeit anzuregen. So werden beispielsweise Mietfabriken als Instrument zur Ansiedlungsförderung durch private Wirtschaftsförderungsgesellschaften, wie z.B. die Landesentwicklungsgesellschaft mbH Thüringen[44], die Entwicklungsgesellschaft Südwest-Thüringen mbH[45] oder die Aufbaugesellschaft Ostthüringen mbH Gera[46] im Auftrag staatlicher Gebietskörperschaften in Thüringen bereitgestellt.[47]

Eine weitere Möglichkeit ist das Angebot von Mietfabriken durch private Investoren. Ein marktliches Angebot kommt nur zustande, wenn sich das zu investierende Kapital risikoadäquat verzinst. Hier wird deutlich, dass ein unterschiedlicher Informationsgrad bei dem Ersteller und Mieter der Fabrik vorliegen muss, damit ein privatwirtschaftliches

---

[42] Steinrücken und Jaenichen (2006b) 261f.
[43] Steinrücken und Jaenichen (2006a) 149f.
[44] Vgl. Landesentwicklungsgesellschaft mbH Thüringen.
[45] Vgl. Entwicklungsgesellschaft Südwest-Thüringen mbH.
[46] Vgl. Aufbaugesellschaft Ostthüringen mbH Gera und den konkreten Einsatz einer Mietfabrik in Jena wie dokumentiert im Beteiligungsbericht 2003 des Landkreises Saalfeld-Rudolstadt.
[47] Vgl. beispielsweise das Wahlprogramm der CDU Thüringen 2004.

Angebot von Mietfabriken entsteht. Der Fabrikersteller kann die Mietfabrik eben deshalb günstiger anbieten, da er das involvierte politische Risiko und die Qualität der Standortdienstleistungen besser einschätzen und entsprechend exakt kalkulieren kann. Nimmt zudem der potentielle Mieter von der Selbsterstellung Abstand, da für ihn keine risikoadäquate Verzinsung des nötigen Kapitals aufgrund der ungleich größeren Unsicherheit gegeben ist, entsteht ein Markt für Mietfabriken. Die Mieteinnahmen als Produzentenrente des Fabrikerstellers beinhalten eine Risikoprämie als Entlohnung für die Übernahme des politischen Risikos und der Unsicherheit.

Eine solche privatwirtschaftliche Lösung der Informationsasymmetrie vermeidet Probleme des Staatsversagens, wie sie bei diskretionärer Entscheidung über das Angebot und die Finanzierung von Mietfabriken durch öffentliche Mittel entstehen können. Zudem entsteht ein Marktpreis, der als Richtwert für das öffentliche Angebot von Mietfabriken dienen kann. Allerdings stellt diese Art des Angebotes keine Selbstbindungsstrategie eines Standortes dar und wird hier nicht weiter berücksichtigt.

4.3. Ökonomische Konsequenzen von Mietfabriken

Das öffentliche Angebot von Mietfabriken verändert die Informations- und Risikostruktur im Ansiedlungsprozess. Die Konsequenzen dieses Vorgehens sollen im Folgenden näher beleuchtet werden.

Die Möglichkeit des Outsourcing des Investitionsprozesses und der damit verbundenen Unsicherheit stellt eine Risikoreduktion für die ansiedlungswilligen Unternehmen dar. Der Risikonehmer, im Falle der öffentlichen Bereitstellung von Mietfabriken also der Standort, kann sein überlegenes Wissen über die tatsächlich involvierten Risiken in seine Investitionskalkulation einfließen lassen, die Unsicherheit der Investoren reduzieren und somit ein wohlfahrtsökonomisch überlegenes Marktgleichgewicht bei erhöhtem Investitionsumfang induzieren (siehe Abb. 2).[48]

---

[48] Vgl. zur Wirkung des Commitment auf die Transaktionskosten einer Ansiedlung: Zimmer 124ff.

Die Signalisierung der Selbstbindung des Standortes hilft zudem, dem Investor Informationen bezüglich der Standortqualität zu vermitteln. Ein LQ-Standort, der fälschlicherweise mit dem Angebot von Mietfabriken hohe Standortqualität signalisiert, muss mit der Abwanderung der Unternehmen nach Ablauf der Mietfrist rechnen. Solches Verhalten des Standortes erzeugt im Zeitablauf eine negative Reputation, die dem Standort die Amortisation der Mietfabrik erschwert. So ist davon auszugehen, dass Unternehmen Ansiedlungsentscheidungen nicht im Sinne einer „Laufkundschaft" treffen, sondern sich vor Vertragsschluss umfassend informieren. Somit erfolgt eine Selektion von hochqualitativen Standorten, die sich beispielsweise über das Angebot von Mietfabriken als solche identifizieren können.[49]

Ein weiterer Vorteil der Verwendung von Mietfabriken besteht in der Reduktion der zur Ansiedlung benötigten Kapitalintensität. Hohe Kapitalintensität einer Investition in immobile Produktionsfaktoren kann den Wettbewerb im Sinne einer Markt-zutrittsschranke behindern. Die günstige Beschaffung von finanziellen Fremdmitteln kann sich vor allem für kleinere und mittlere Unternehmen aufgrund des höheren Risikos für den Kreditgeber als problematisch erweisen.[50] Da Mietzahlungen für Mietfabriken erst im Zeitablauf anfallen, und keine Finanzierung einer Anschaffungs-investition nötig ist, reduziert sich dieses Hemmnis erheblich.[51]

Zudem bewirkt die Selbstbindung des Standortes durch die versunkene Investition in die Mietfabrik eine Disziplinierung des Verhaltens der staatlichen Gebietskörperschaft nach Vertragsschluss. Hält der Standort die vertraglich vereinbarten Rahmen-bedingungen ex post nicht ein, kann das Unternehmen glaubhaft mit Abwanderung an andere Standorte drohen. Die Tatsache, dass das eingemietete Unternehmen nicht an die versunkene Investition gebunden ist, erhöht dessen Verhandlungsmacht gegenüber dem Standort. Größere Verhandlungsmacht der Unternehmen befähigt diese, bessere Qualität im Sinne der Investoren einzufordern und eine Hold-up-Situation zu verhindern.

---

[49] Vgl. dazu auch: Tirole 235.
[50] So stellt beispielsweise die Basel II-Regelung besonders für diese Unternehmen ein erhebliches Hemmnis bei der Fremdkapitalaufnahme dar.
[51] Vgl. Tirole 673.

Das Outsourcing der spezifischen, langfristigen und immobilen Anteile einer Investition in Produktionskapazitäten erhöht zudem die Flexibilität der Zu- und Abwanderung von mobilen Produktionsfaktoren. Weiterhin können Gebietskörperschaften mittels der geeigneten Standortwahl für Mietfabriken eine räumlich punktgenaue Allokation dieser Produktionsfaktoren anregen, die den sozialen Grenznutzen maximiert.[52]

Es ist allerdings auch unmittelbar ersichtlich, dass die erwähnten Vorteile der erhöhten Verhandlungsmacht und Mobilität der Produktionsfaktoren negativ mit der vertraglich vereinbarten Mietlaufzeit korreliert sind. Des Weiteren ist die nötige Spezifität der Fabrik zu Produktionszwecken abzuschätzen. Je unspezifischer beispielsweise eine Fabrikhalle gestaltet wird, desto höhere Investitionen des Mieters sind nötig um die Kapazitäten produktionsfertig einzurichten. Andererseits kann der Standort nur eine relativ unspezifische Mietfabrik zur Ansiedlung von Unternehmen mit verschiedensten Produktionsstrukturen nutzen.

Wie gezeigt, hat das öffentliche Angebot von Mietfabriken eine Reduktion der Unsicherheit und des nötigen Commitment des Investors zur Folge. Beide Faktoren bedingen ein erhöhtes Investitionsrisiko bei Ansiedlung und vermindern somit die Investitionstätigkeit. Durch Mietfabriken können diese Probleme reduziert und ein effizientes Investitionsniveau angeregt werden. Fraglich bleibt allerdings, inwieweit staatliche Stellen ohne marktliche Steuerung die Präferenzen ansiedlungswilliger Investoren erkennen und berücksichtigen können.

5 Kritische Würdigung des Konzeptes und Ausblick

Im Rahmen der Analyse der ökonomischen Konsequenzen von Mietfabriken im Ansiedlungswettbewerb muss auf allgemeine ökonomischen Gesetzmäßigkeiten zurückgegriffen werden, da zu diesem Thema bislang keine empirischen Studien vorliegen.

---

[52] Steinrücken und Jaenichen (2006a) 150.

Wie gezeigt können durch das öffentliche Angebot von Mietfabriken die Ansiedlungsentscheidung begleitende Informationsasymmetrien abgeschwächt, die Hold-up-Problematik vermieden und somit ein volkswirtschaftlich effizienteres Investitionsniveau angeregt werden. Die Bindung des Standortes an seine Investition diszipliniert dessen Verhalten und verpflichtet ihn zu konstanter Wirtschaftspolitik. Voraussetzung der sinnvollen Anwendung ist die Bereitschaft eines Standortes Commitment durch Tätigung der versinkenden Investition aufzubauen, sowie das Vorliegen eines unterschiedlichen Informationsgrades bei Mieter und Vermieter bezüglich der involvierten Standortrisiken bzw. Qualitätsunsicherheit.

Die Kritik am Einsatz von Mietfabriken setzt vor allem an der Bereitstellung durch öffentliche Stellen an. Staatliche Stellen maßen sich bei diskretionärer Entscheidung über das Angebot Wissen bezüglich der Präferenzen der Investoren an, es ist daher mit Staatsversagen zu rechnen. Weiterhin beinhaltet eine diskretionäre Preisgestaltung des Angebotes Risiken einer unbeabsichtigten Subventionierung und damit Struktur-erhaltung bzw. Wettbewerbsverzerrung, sowie einer erhöhten Anfälligkeit für Rent-Seeking-Aktivitäten.[53] Falls Gebietskörperschaften die finanziellen Lasten der Investition nur teilweise aus dem eigenen Haushalt bestreiten, sind die zudem bei der Angebotserstellung weniger auf Kosteneffizienz angewiesen. Eine konsequente Angebotssteuerung gemäß den Nachfragerpräferenzen ist nur durch einen Marktmechanismus, hier also die Bereitstellung von Mietfabriken durch private Investoren zu erreichen.

Es bleibt fraglich, inwiefern das Konzept von Mietfabriken tatsächlich neu ist, oder die bekannte Praxis des Angebotes von Gewerbeflächen und -parks vom Freistaat Thüringen lediglich im Rahmen einer Marketingkonzeption zur Standortvermarktung umetikettiert wurde. Ob sich demzufolge dieses Instrument des Ansiedlungs-wettbewerbs unter dem Terminus „Mietfabrik" etablieren wird, bleibt abzuwarten. Weitere Forschung könnte indes beispielsweise den optimalen Spezifitätsgrad einer öffentlich angebotenen Mietfabrik thematisieren.

---

[53] Vgl. van Beers 10ff; Steinrücken und Jaenichen (2006a) 133; Tirole 166ff; kritisch dazu Steinrücken und Jaenichen (2006a) 125ff.

Literaturverzeichnis

AKERLOF, G. A. (1970): *The Market for "Lemons": Quality Uncertainty and the Market Mechanism*, in: The Quarterly Journal of Economics, 84, S. 488-500.

BENKERT, W. (1996): *Interkommunale Konkurrenz – Formen, Ergebnisse und Bewertung von Wettbewerb im Staatssektor*, in: Postlep, Rolf-Dieter (Hrsg.) (1996): *Aktuelle Fragen zum Föderalismus – Ausgewählte Probleme aus Theorie und politischer Praxis des Föderalismus*, Marburg: Metropolis-Verlag, S. 167-186.

BOND, E. W. und SAMUELSON, L. (1986): *Tax Holidays as Signals*, in: American Economic Review, 76/4, S. 820-826.

DOYLE, C. und VAN WIJNBERGEN, S. (1994): *Taxation of Foreign Multinationals: A Sequential Bargaining Approach to Tax Holidays*, in: International Tax and Public Finance, 94/3, S. 211-225.

FARRELL, J. und GALLINI, N. T. (1988): *Second Sourcing as a Commitment: Monopoly Incentives to Attract Competition*, in: The Quarterly Journal of Economics, 103/4, S. 673-694.

JANEBA, E. (2000): *Tax Competition When Governments Lack Commitment: Excess Capacity as a Countervailing Threat*, in: American Economic Review, 90/5, S. 1508-1519.

KRAHNEN, J. P. (1991): *Sunk Costs und Unternehmensfinanzierung*, Wiesbaden: Gabler Verlag.

KUCHINKE, B. (2000): *Sind vor- und vollstationäre Krankenhausleistungen Vertrauensgüter? – Eine Analyse von Informationsasymmetrien und deren Bewältigung*, in: Technische Universität Ilmenau (Hrsg.) (2000): *Diskussionspapier Nr. 19 des Institutes für Volkswirtschaftslehre*, Ilmenau: Technische Universität Ilmenau.

LEHMANN, E. (1999): *Asymmetrische Information und Werbung*, Wiesbaden: Gabler Verlag, Deutscher Universitäts-Verlag.

MILGROM, P. R. und ROBERTS, J. (1986): *Price and Advertising Signals of Product Quality*, in: Journal of Political Economy, 94, S. 796-821.

SCHOLZ, J. (1996): *Auslandsinvestitionsrechnung – Möglichkeiten zur Berücksichtigung der Unsicherheit*, Wiesbaden: Gabler Verlag.

STEINRÜCKEN, T. und JAENICHEN, S. (2006): *Wirtschaftspolitik und Wirtschaftsförderung auf kommunaler Ebene – Theoretische Analysen und praktische Beispiele*, Ilmenau: Universitätsverlag Ilmenau.

STEINRÜCKEN, T. und JAENICHEN, S. (2006): *Politisches Risiko als Investitionsproblem und wirtschaftspolitische Implikationen*, in Zeitschrift für Wirtschaftspolitik, 55/2, S. 230-243.

SHAPIRO, C. (1983): *Premiums for High Quality products as Returns to Reputations*, in: The Quarterly Journal of Economics, 98, 659-679.

STIGLER, G. J. (1961): *The Economics of Information*, in: Journal of Political Economy, 69, S. 213-225.

TELSER, L. G. (1964): *Advertising and Competition*, in: Journal of Political Economy, 72, S. 537-562.

TIROLE, J. (1999): *Industrieökonomik*, 2. deutschsprachige Auflage, München, Wien, Oldenbourg: Oldenbourg Verlag.

TRUMPP, A. (1995): *Kooperation unter asymmetrischer Information – Eine Verbindung von Prinzipal-Agenten-Theorie und Transaktionskostenansatz*, Neuried: ars una Verlagsgesellschaft.

VAN BEERS, C. und DE MOOR, A. (2001): *Public Subsidies and Policy Failures – How Subsidies Distort the Natural Environment, Equity and Trade, and How to Reform Them*, Northampton: Edward Elgar Publishing.

ZIMMER, P. (2000): *Commitment in Geschäftsbeziehungen*, Wiesbaden: Gabler Verlag.

Onlinequellen

AUFBAUGESELLSCHAFT OSTTHÜRINGEN mbH GERA; o.V. (2007): www.ago-gera.de, 27. April 2007.

CDU THÜRINGEN; o.V. (2004): *Wahlprogramm für Thüringen 2004*. http://cdu-thueringen.de/Nachricht.144+M5abe5a277ce.0.html, 27. April 2007.

ENTWICKLUNGSGESELLSCHAFT SÜDWEST-THÜRINGEN mbH; o.V. (2007): www.esw-thueringen.de, 27. April 2007.

LANDESENTWICKLUNGSGESELLSCHAFT mbH THÜRINGEN; o.V. (2007): www.leg-thueringen.de, 27. April 2007.

LANDKREIS SAALFELD-RUDOLSTADT; Philipp, Marion (2003): *Beteiligungsbericht 2003*. www.sa-ru.de/(agc1uz55aajtl1ncka4nhpb5)/o_doc/2005-11-03_beteiligungsbericht2003.pdf, 27.April 2007.

PFORZHEIMER ZEITUNG; Scholz, Olaf (2002): *Wirtschaftsförderung ist Chefsache*. www.pz-news.de/specials/web/pdf/gemeinden/2002/download.dhtml?command=12%20target=, 27. April 2007.